Anastasia Shchurenko

Construir um ecossistema e uma infraestrutura para a confeitaria inteligente Livro 1

Anastasia Shchurenko

Construir um ecossistema e uma infraestrutura para a confeitaria inteligente Livro 1

Transformação inovadora da infraestrutura de produção inteligente de produtos compósitos

ScienciaScripts

Imprint

Any brand names and product names mentioned in this book are subject to trademark, brand or patent protection and are trademarks or registered trademarks of their respective holders. The use of brand names, product names, common names, trade names, product descriptions etc. even without a particular marking in this work is in no way to be construed to mean that such names may be regarded as unrestricted in respect of trademark and brand protection legislation and could thus be used by anyone.

Cover image: www.ingimage.com

This book is a translation from the original published under ISBN 978-620-7-47294-9.

Publisher:
Sciencia Scripts
is a trademark of
Dodo Books Indian Ocean Ltd. and OmniScriptum S.R.L publishing group

120 High Road, East Finchley, London, N2 9ED, United Kingdom
Str. Armeneasca 28/1, office 1, Chisinau MD-2012, Republic of Moldova, Europe
Printed at: see last page
ISBN: 978-620-7-87415-6

Anastasia Shchurenko

Livro - 1

Legenda

Construir um ecossistema inteligente de produção de produtos de confeitaria. Livro 1

Subtítulo

Transformação inovadora do ecossistema e da infraestrutura de uma unidade de fabrico inteligente de produtos compósitos.

Palavras-chave:

Produção de confeitaria; Ecossistema de produção de confeitaria; Produção de confeitaria inteligente; Infraestrutura de produção de confeitaria inteligente e seus módulos; Mistura hidrodinâmica em fluxo; Mistura com amassamento simultâneo; Homogeneização de componentes líquidos de confeitaria; Processo de impacto dinâmico em componentes líquidos misturados de confeitaria; Regime cinético ativo e periódico.

Anotação

Transformação inovadora do ecossistema e das características da infraestrutura de uma instalação de fabrico inteligente num supersistema combinado avançado com subsistemas interligados de controlo em tempo real em linha de módulos automáticos de tratamento de energia e água.

O supersistema inclui a análise preliminar das previsões a longo prazo do desenvolvimento deste domínio tecnológico, a utilização dos resultados da análise para formar o processo de integração de 44 critérios do sistema comercial para a avaliação de um objeto inteligente de produção de produtos de confeitaria com sistemas de 40 + 10 critérios e métodos de obtenção de um resultado final ideal de acordo com a qualificação da Teoria e Algoritmo da Resolução Inventiva de Problemas.

Especificidade da conceção e da logística de construção do ecossistema do objeto ou complexo inteligente de produção de produtos de confeitaria e dos seus componentes inovadores do ecossistema como um supersistema autónomo e subsistemas de infra-estruturas inovadoras autónomas de entrada, assegurando a sua máxima eficiência económica e respeito pelo ambiente dos processos de construção, ajustamento e funcionamento, com a máxima poupança de energia e de outros recursos e o controlo total de todos os parâmetros básicos, construídos com base na espetroscopia de ressonância electromagnética.

Índice

Introdução

Os produtos de confeitaria têm sido tradicionalmente a parte básica mais importante dos programas alimentares de várias culturas de consumo e, por conseguinte, o desenvolvimento deste grupo de produtos e das tecnologias para a sua produção e consumo está atualmente a receber a maior atenção;

O aparecimento e a análise pormenorizada dos problemas complexos associados aos chamados produtos de confeitaria inteligentes mostram que a utilização de alimentos açucarados exige, por sua vez, uma atenção acrescida, incluindo tecnologias de produção especiais e a disponibilização de programas de consumo seguro

Os produtos de confeitaria estão intimamente relacionados com a produção e o consumo de produtos lácteos e, regra geral, a tecnologia dos produtos lácteos e a tecnologia de produção de todos os tipos de variantes e versões de produtos de confeitaria têm uma influência mútua muito significativa e, muito frequentemente, as inovações na produção de produtos lácteos dão início ao desenvolvimento de tecnologias e produtos inovadores no sector da confeitaria da produção alimentar;

A este respeito, é dada especial importância à aplicação de elementos de inteligência artificial e de redes neuronais artificiais.

A importância atribuída a esta questão é evidenciada pelo facto de, por exemplo, na União Europeia, estar a ser elaborada legislação para controlar e gerir a implementação destas tecnologias;

A União Europeia chegou a acordo sobre o primeiro projeto de lei do mundo sobre a regulamentação da inteligência artificial (IA). Após três dias de negociações, representantes do Parlamento Europeu, da Comissão Europeia e dos Estados-Membros da UE decidiram as categorias de riscos que a utilização da IA pode criar: mínimo, limitado, elevado e inaceitável.

De acordo com o documento adotado, será proibida a utilização de sistemas de "risco inaceitável".

Estes incluíam sistemas como:

— que afectam o subconsciente humano,

— utilizados para identificar as vulnerabilidades das pessoas, nomeadamente por idade, deficiência, estatuto social ou económico,

— Sistemas de reconhecimento de emoções por parte de empregadores e instituições de ensino,

— Sistemas que produzem classificações sociais com base no comportamento social ou nas características pessoais de uma pessoa.

Simultaneamente, os negociadores acordaram numa série de excepções para a utilização de sistemas de identificação biométrica em locais públicos. Em especial, a utilização desses sistemas pelos serviços responsáveis pela aplicação da lei é permitida para uma determinada lista de infracções e apenas com a autorização do tribunal.

As restantes categorias estarão sujeitas a requisitos diferentes, consoante o nível de risco.

Uma secção separada é dedicada ao respeito pelos direitos dos consumidores: será possível apresentar queixas sobre o funcionamento incorreto da IA. Estão previstas coimas para as infracções.

"Trata-se de um feito histórico e de um enorme marco no caminho para o futuro! Neste esforço, conseguimos manter um equilíbrio extremamente delicado: promover a inovação e a adoção da inteligência artificial em toda a Europa, respeitando plenamente os direitos fundamentais dos nossos cidadãos", é a opinião do Secretário de Estado espanhol para a Digitalização e a Inteligência Artificial ;

De acordo com o comissário europeu, "é uma rampa de lançamento para as empresas e os investigadores europeus liderarem a corrida mundial à inteligência artificial.

Para a chamada produção moderna e inteligente de produtos de confeitaria, por exemplo, foi desenvolvida uma tecnologia fundamentalmente nova de mistura hidrodinâmica de diferentes componentes líquidos com derrubamento simultâneo num modo cinético ativo, dinâmico e de repetição periódica

Figura 1

A figura mostra uma fotografia do módulo experimental para a mistura e o abatimento simultâneo de produtos líquidos;

A tecnologia proposta é um processo de influência dinâmica sobre os componentes líquidos ou parcialmente consistentes a serem misturados e derrubados;

Figura 2

A figura mostra uma versão experimental e de teste de um módulo acionado manualmente para mistura homogénea e preparação para processos de fermentação de componentes de produtos lácteos, por exemplo, manteiga.

Os mais investigados neste processo são os componentes de vários produtos lácteos, que também podem ser utilizados na confeitaria inteligente e nos seus elementos infra-estruturais;

O objetivo desta investigação é encontrar novas formas para a produção de produtos alimentares compostos inovadores, que não tenham ou tenham um teor mínimo de gordura e que, pelo contrário, tenham concentrações mais elevadas de vitaminas e elementos biologicamente activos;

Um objetivo adicional do processo proposto é a possibilidade de, sem tratamento térmico e sem outros tipos de influência sobre o produto, como já foi mencionado, principalmente lácteos ou ácido lático, obter uma mistura ou mistura batida de componentes que, em condições normais, não estão misturados ou estão mal misturados;

Figura 3

A figura mostra uma fotografia do módulo experimental

Para poder aplicar a tecnologia proposta nas condições da produção moderna, o próximo objetivo é poder obter uma mistura estável e estável que mantenha as suas propriedades e homogeneidade durante muito tempo;

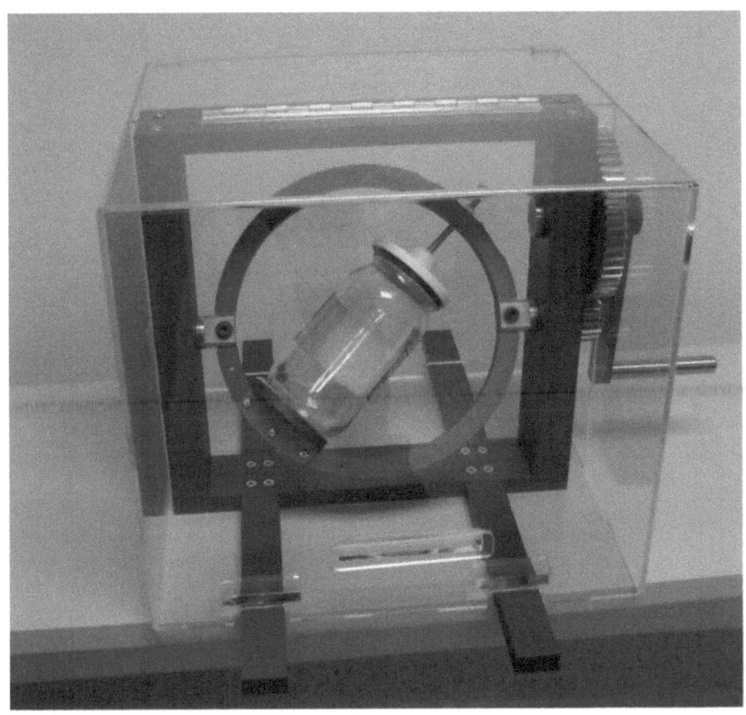

Figura 4

A figura mostra uma versão experimental do módulo para testar a solução concetual; uma diferença adicional na sua conceção é a possibilidade de alterar o ângulo de inclinação do tanque no qual são colocados os componentes a misturar e a deitar abaixo; além disso, o módulo tem a possibilidade de alterar a relação de transmissão do acionamento para rodar o tanque com os componentes processados da mistura.

Figura 5
Uma das variantes de conceção do módulo experimental

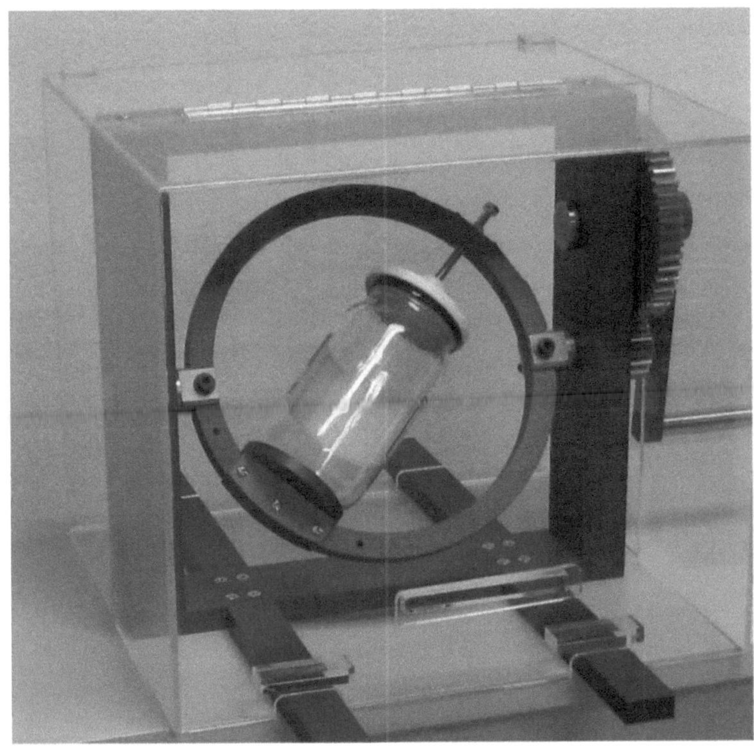

Figura 6

Uma das variantes de conceção do módulo experimental

Os produtos finais da tecnologia proposta são:

- manteiga, fabricada a partir de natas azedas, com um teor de matéria gorda invulgarmente baixo, não superior a 13%;

- manteiga, feita de natas ácidas com aditivos multivitamínicos, - uma mistura de natas ácidas e sumo de cenoura;

- manteiga batida com natas azedas e sumo de tomate;

- manteiga batida com natas azedas e vários xaropes de fruta;

- manteiga batida com natas azedas e mel;

- Creme azedo batido com manteiga, alho e endro;

- Manteiga cremosa feita de natas azedas modificadas com manteiga de ovo;

- manteiga batida com natas ácidas modificadas com alfa-lecitina;

- manteiga batida com natas ácidas modificadas com albumina;

- manteiga batida com natas ácidas modificadas com lisozima;

- manteiga, feita de natas azedas, modificada com manteiga de cacau;

- Manteiga cremosa batida com natas azedas, modificada com pasta de abacate;

- Manteiga batida com natas azedas modificadas com pastas de legumes;

- manteiga batida com natas azedas modificadas com pastas de frutos;

O processamento direto do leite e a sua modificação quando misturado com outros componentes permite criar novos compostos de leite combinado modificado com propriedades novas e invulgares e uma qualidade de consumo excecionalmente elevada.

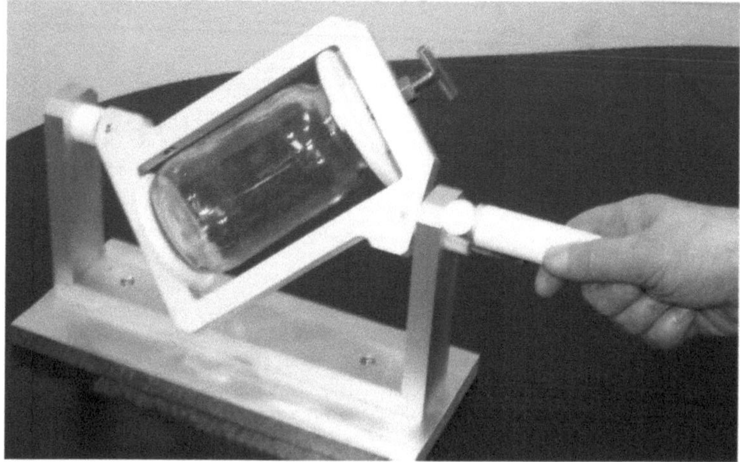

Figura 7

Primeiro protótipo de um módulo experimental para testar o conceito da tecnologia

Figuras 8 e 9

Primeiro protótipo de um módulo experimental para testar o conceito da tecnologia

11

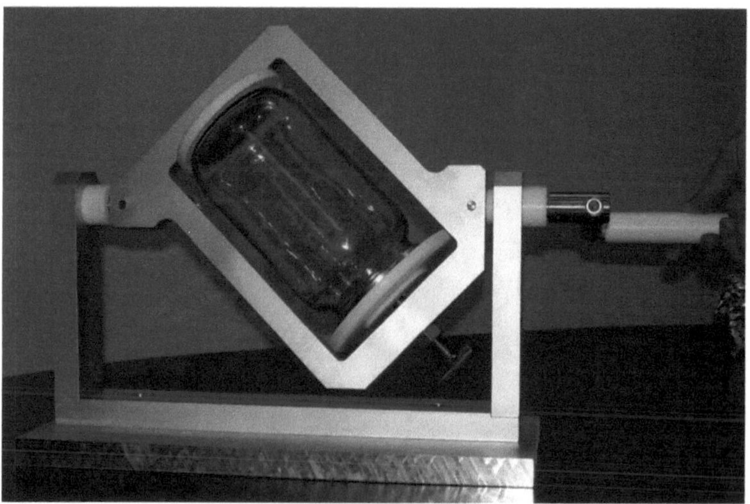

Figura 10

Primeiro protótipo de um módulo experimental para testar o conceito da tecnologia

Em primeiro lugar, é uma mistura batida de leite e mel; além disso, para a mistura é utilizado leite desnatado - 1% de teor de gordura, arrefecido a uma temperatura de 2-3 graus Celsius e mel de abelha natural na proporção de - 75% de leite e 25% de mel; a mistura resultante é estável, homogénea, tem um sabor excecionalmente fino e agradável e é muito útil;

Graças à vasta gama de possibilidades da máquina hidrodinâmica de misturar e amassar, é possível preparar misturas de muitas variações e combinações de materiais, líquidos, pastas e xaropes;

Os aparelhos que aplicam a nova tecnologia podem ser fabricados para uma vasta gama de utilizações. Uma opção, com uma capacidade de cerca de 1 litro ou 850 gramas de manteiga por ciclo de batimento, poderia ser um aparelho para os agricultores, que poderia ser utilizado para transformar o leite excedente;

O aparelho baseia-se numa invenção que se baseia no princípio da formação de pulsações lineares recíprocas cinéticas hidrodinâmicas num volume fechado de um recipiente com os componentes a misturar e a deslocar. Os movimentos iniciados são tão eficazes que permitem obter o efeito de mistura e desalojamento num período de tempo relativamente curto, com uma estrutura excecionalmente homogénea da mistura ou óleo resultante;

O aparelho pode ser concebido como um produto de grande consumo, com uma pequena capacidade de cerca de 1 litro para os componentes a misturar e a bater; pode ser acionado eletricamente, mas também pode ser operado manualmente, o que reduzirá significativamente o seu preço e aumentará as suas vendas;

O aparelho pode ser utilizado como um acessório para cafés e restaurantes, caso em que a sua capacidade pode atingir os 2 litros e deve ser fornecido com vários recipientes intercambiáveis para maior flexibilidade e versatilidade;

O dispositivo pode ser utilizado como equipamento de processo original para empresas industriais que se dedicam ao processamento de produtos lácteos e pode ser utilizado para a produção de pequenas séries de compostos alimentares lácteos;

O dispositivo pode ser concebido como um equipamento tecnológico automatizado para a produção em grande escala e em massa de produtos lácteos modificados;

Principais diferenças entre o processo de batedura de manteiga proposto e os processos conhecidos para o mesmo fim :

-       A mistura é efectuada num balão em forma de cilindro, fechado nas extremidades por tampas hemisféricas com orifícios cónicos no eixo;

-       o processo de eliminação, com um nível de eficiência semelhante, pode ser efectuado em modelos de frascos equivalentes a esta forma de realização;

-       toda a estrutura constituída por um invólucro cilíndrico com afiações cónicas nas extremidades e duas tampas hemisféricas com chanfros cónicos na base e coaxiais a estes furos cónicos no eixo, montadas e seladas por inserção nos furos cónicos das tampas, previamente alinhados com o invólucro cilíndrico por afiações cónicas nas extremidades e chanfros cónicos na base das tampas, - aperto, orientação, fixação e selagem do volume interno da referida estrutura, fixando dispositivos de aperto, instalados nas tampas, que são montados na base das tampas.

-       Graças a estas características de conceção, para além das diferenças significativas, o processo de batedura beneficia também de vantagens significativas em termos da qualidade do produto obtido e das possibilidades da gama tecnológica do processo de batedura de óleo;

- possibilidades adicionais no processo realizado pelo dispositivo proposto:

-       O volume em que o óleo é agitado é dobrável;

-       durante o processo de desmantelamento, existe a possibilidade de penetração autorizada no volume interno, de introdução dos componentes da mistura a desmantelar no mesmo, de retirada de resíduos ou de parte dos componentes do volume de trabalho;

-       os orifícios cónicos das tampas hemisféricas contribuem para uma rutura mais completa da mistura ao atingir o hemisfério interior das tampas, ou seja, cumprem uma série de funções combinadas, tais como ativação, combinação e orientação, selagem, fixação e, sobretudo, cumprem as funções de porta de entrada tecnológica em ambos os lados da estrutura, tanto na saída como na entrada, consoante a posição do frasco;

-       a conceção especificada permite ter vários conjuntos de frascos num dispositivo de mistura, o que permite, num período relativamente curto do processo de mistura, alterar a composição dos componentes para mistura, incluindo a natureza da matriz de ácido lático, o grau do seu teor de gordura e outros parâmetros;

-       os parâmetros hidrodinâmicos do processo de derrubada, na forma de elementos de frasco, na presença no final de cada movimento linear da massa derrubada de um recesso esférico com um cone ativador no centro, permitem aumentar significativamente a eficiência do processo de derrubada, o que é explicado pelo fato de que o volume da massa derrubada em cada impacto na tampa, ocorrendo após meia volta da estrutura da trela, é transformado, passando em um período muito curto de tempo da forma cilíndrica para a esférica, ou seja, há um processo de mudança de forma e volume de trabalho

-        O carácter de influência descrito sobre a massa a derrubar, devido ao facto de existir uma variedade cinética de tipos de mudanças forçadas no volume e na forma geométrica da massa a derrubar, sob a influência de muitos factores de força causados pela combinação e concentração de movimentos e cargas causadas tanto pela forma da geometria do frasco como pelo carácter dos movimentos causados pela cinemática do sistema do aparelho para derrubar óleo, permite, ao contrário dos métodos conhecidos, obter um produto composto homogéneo como resultado da realização do processo.

A partir dos modelos apresentados de tampas hemisféricas, verifica-se que :

- a sua conceção é tecnologicamente avançada;

- são muito duráveis;

- são fáceis de manter;

- são higiénicos;

- Podem ser fabricados a partir de uma grande variedade de materiais;

-   Para a mesma conceção de camisa cilíndrica, é possível ter diferentes variantes de coberturas, que diferem na inclinação da esfera e na profundidade do orifício cónico ao longo do eixo, mantendo a identidade dos elementos de união da conceção.

-      nas características distintivas relativas ao aparelho, verifica-se uma consequência, que advém do facto de a estrutura poder ter várias formas, e que, quando é feita, como variante, sob a forma de um anel plano com furos roscados feitos ao longo de uma das coordenadas geométricas deste anel, da periferia do anel para o centro, como se pode ver no modelo, e, quando realizado no plano do disco pelo menos dois furos para fixação do disco nos suportes do fuso, quando o número de furos é superior a dois, a lâmpada pode ser instalada em qualquer ângulo em relação ao eixo de rotação do quadro, alterando os furos, que são seleccionados para fixação nos suportes do fuso;

-      o método especifica que o enchimento ou a introdução de matérias-primas no volume interno do frasco e a remoção dos resíduos líquidos são efectuados no estado montado do frasco, através das aberturas axiais dos dispositivos de fixação, que, para este efeito, têm tampões roscados que fecham essas aberturas; ao introduzir matérias-primas nas mesmas aberturas, são introduzidos, se necessário, dispositivos aerodinâmicos ou quaisquer outros dispositivos de ativação ou estimulação, que, depois de cumpridas as suas funções, são removidos do volume interno do frasco através das referidas aberturas.

-   o método especifica que a introdução de matérias-primas adicionais pode ser efectuada durante o processo de batimento de óleo, quando a rotação do quadro é temporariamente interrompida;

- o método indica que, se necessário, os resíduos ou componentes que esgotaram a sua função podem ser retirados do volume interno do balão, interrompendo o processo de rotação e parando temporariamente o quadro do balão;

Assim, nos traços distintivos gerais do processo existem esses traços adicionais, para além dos diretamente referidos:

- O balão pode ser colocado em qualquer ângulo em relação ao eixo do mandril; o ângulo pode ser variado em função da viscosidade, consistência, composição, temperatura, densidade, nível de acidez, quantidade, volatilidade, gravidade específica, proporções em massa dos componentes da matéria-prima;

- possibilidade de entrada e saída de componentes durante o processo de desmontagem;

- a possibilidade de penetrar no volume interno durante o processo de abate;

- possibilidade de alterar ou completar a composição dos ingredientes durante o processo de batimento, possibilidade de introduzir vários aditivos aromatizantes, estimulantes, emulsionantes, etc., em qualquer altura do processo de batimento;

- a possibilidade de introduzir substâncias formadoras de bouquet odorífero no produto acabado, incluindo feromonas ou outros ingredientes e substâncias formadores de aroma e sabor, em qualquer momento do processo de eliminação;

- possibilidade de introduzir vários ingredientes aromatizantes, incluindo os sintéticos, permitindo obter sensações gustativas invulgares para os materiais iniciais introduzidos no processo;

A partir do processo básico proposto na invenção, como consequência da extensão das ligações construtivas e tecnológicas entre as principais características do processo, surgem também características adicionais para o aparelho.

Modelação da base do elemento do módulo experimental

Figura 11

A figura mostra a base elementar das condutas em que é efectuado o controlo sem contacto dos parâmetros dos componentes líquidos durante o seu transporte para o módulo de mistura e de mistura ou para o módulo de preparação da fermentação

O controlo baseia-se nos princípios da espetroscopia de ressonância electromagnética na secção localizada no centro de simetria da conduta;

O controlo é efectuado por várias variantes da tecnologia de controlo sem contacto ressonante, incluindo uma variante com um sensor solenoide e um sensor sob a forma de uma placa de circuito impresso multicamada, que fornece o nível necessário de penetração do sinal no fluxo do líquido medido, com a maior velocidade possível de penetração e reflexão do sinal (normalmente a duração do ciclo completo de medição é de 10 milissegundos).

A placa de circuito impresso - sensor é fabricada pela tecnologia RITM (dimensional, selective metal etching) e a sua espessura é de apenas 50 microns.

Figura 12

A figura mostra também a base elementar das condutas em que é efectuado o controlo sem contacto dos parâmetros dos componentes líquidos durante o seu transporte para o módulo de mistura e homogeneização ou para o módulo de preparação da fermentação.

Figura 13
A figura mostra também a base elementar das condutas em que é efectuado o controlo sem contacto dos parâmetros dos componentes líquidos durante o seu transporte para o módulo de mistura e homogeneização ou para o módulo de preparação da fermentação.

Figuras 14 e 15

As figuras mostram também a base elementar das condutas em que é efectuado o controlo sem contacto dos parâmetros dos componentes líquidos durante o seu transporte para o módulo de mistura e homogeneização ou para o módulo de preparação da fermentação.

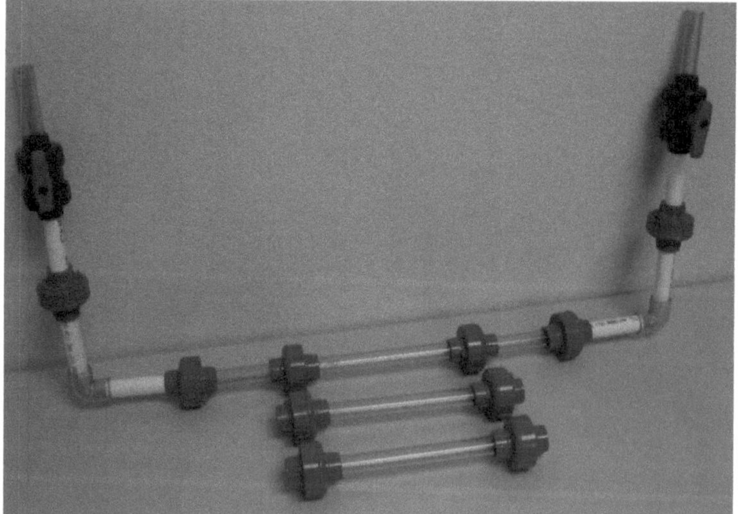

Figura 15 -1.

A figura mostra também a base elementar das condutas em que é efectuado o controlo sem contacto dos parâmetros dos componentes líquidos durante o seu transporte para o módulo de mistura e homogeneização ou para o módulo de preparação da fermentação.

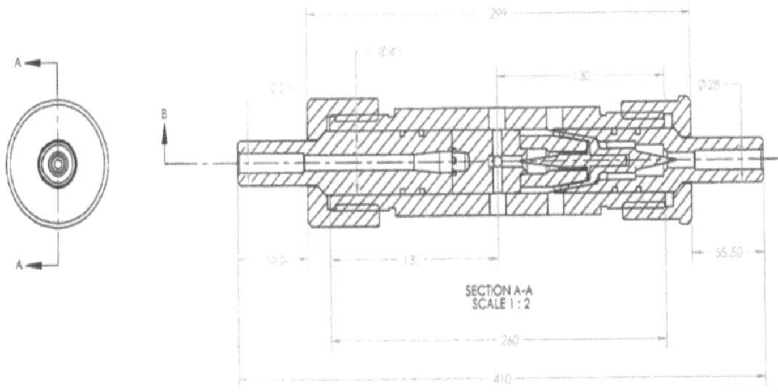

Figuras 16 e 17

A figura mostra também a base elementar das condutas em que é efectuado o controlo sem contacto dos parâmetros dos componentes líquidos durante o seu transporte para o módulo de mistura e homogeneização ou para o módulo de preparação da fermentação.

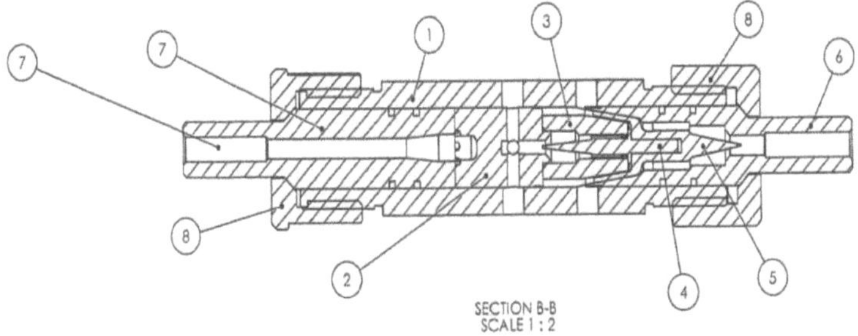

Figura 18

A figura mostra também a base elementar das condutas em que é efectuado o controlo sem contacto dos parâmetros dos componentes líquidos durante o seu transporte para o módulo de mistura e homogeneização ou para o módulo de preparação da fermentação.

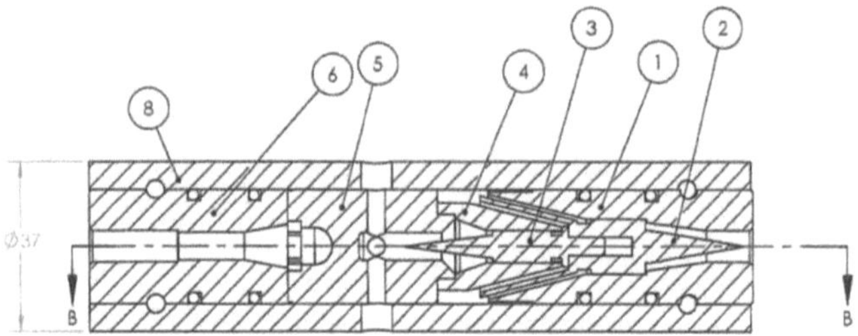

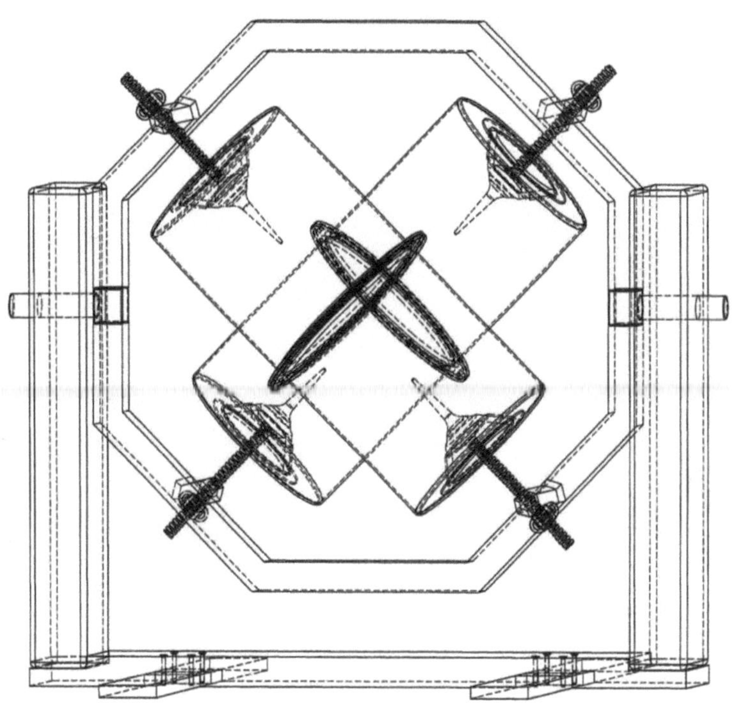

Figura 19

Este é um protótipo de uma máquina adaptável para a síntese dinâmica de compostos e composições alimentares (a cápsula universal de trabalho não é mostrada, foi desmontada)

Figura 20

É também um protótipo de uma máquina adaptável para a síntese dinâmica de compostos e composições alimentares (a cápsula de trabalho universal não é mostrada, foi desmontada).

Figura 21

Composto alimentar à base de matriz de gordura de ácido lático fermentada naturalmente misturada com pasta de cenoura na proporção de 60 partes de matriz de ácido lático por 40 partes de outros componentes do composto, na foto da esquerda e, na foto da direita, - Composto alimentar integrado à base de matriz de gordura de ácido lático fermentada naturalmente misturada de forma dinâmica e homogénea com pasta de tomate natural e molho de pasta de alho natural na proporção de 70 partes de matriz de ácido lático por 30 partes de outros componentes do composto;

Figura 22

Composto alimentar à base de matriz de ácido lático fermentado naturalmente e misturado dinamicamente com mel de abelha natural com adição de pasta de nozes, na proporção inicial de 70 partes de matriz de ácido lático para 30 partes de outros componentes do composto.

Figura 23

Composto alimentar à base de uma mistura homogénea de matriz de ácido lático fermentado naturalmente, natural, absolutamente isento de impurezas, sem conservantes nem estabilizadores, e de uma mistura homogénea dinâmica de sementes de papoila, previamente misturadas de forma homogénea com mel de abelha natural e pasta de nozes natural, na proporção inicial de 70 partes de composição de ácido lático para 30 partes dos outros componentes do composto.

Aparelho de trituração de compostos alimentares incluindo óleo composto - descrição do aparelho e princípios da sua aplicação real

O aparelho para bater e homogeneizar composições alimentares e manteiga composta foi concebido para bater eficazmente estes produtos complexos a partir de matérias-primas de ácido lático, predominantemente natas ácidas ou natas, e predominantemente com baixo teor de gordura. Os produtos ou componentes de base podem ser inicialmente sujeitos a fermentação;

Os testes preliminares do dispositivo mostraram a possibilidade de bater eficazmente não só a partir de nata azeda pura, mas também a partir de nata azeda com vários aditivos, principalmente de origem vegetal.

Esses aditivos . por exemplo, podem incluir os seguintes materiais:

- sumo de cenoura;

- puré ou pasta de cenoura;

- sumo de tomate;

- pasta de tomate;

- salmoura de pepino;

- puré de pepino;

- puré de abacate;

- puré de kiwi;

- puré de pimentos doces;

- vários purés de courgette;

- Purés de frutas diversas, - maçã; ameixa; pêssego; pera; alperce; ananás; Puré de frutas
e legumes tropicais;

- várias combinações de todos os aditivos acima referidos, e em combinação com endro,
alho, cebola, limão;

- com polpa de ameixa;

- compota de sorveira-brava, espinheiro-alvar e outras bagas medicinais;

- Purés diversos de morangos, morangos, mirtilos; groselhas; framboesas; amoras; kalina; groselhas e outras bagas;

A lista acima pode ser continuada e podem ser introduzidos vários legumes e frutas de áreas geográficas locais, também em várias combinações e combinações com produtos conhecidos.

É possível modificar o óleo composto através da introdução de gorduras vegetais no processo de mistura, a fim de alterar o equilíbrio das gorduras vegetais e animais no óleo;

A fim de alargar o âmbito de aplicação da batedeira de manteiga, a sua conceção permite-lhe ser adaptada de forma flexível para produzir manteiga com uma grande variedade de aditivos e numa grande variedade de volumes.

A versatilidade, ou seja, a capacidade de mudar rapidamente para a desmontagem de óleo compósito com outros componentes, é uma das principais vantagens operacionais do aparelho e do próprio processo de desmontagem.

A conceção do frasco misturador, com três elementos constituintes, dos quais o original e o que mais influencia os resultados da mistura e a obtenção de produtos comerciais com propriedades diferentes, são :

- revestimento do balão misturador, com rebaixos cónicos nas flanges, para selar o volume interno e simultaneamente para centrar e orientar volumetricamente os parâmetros geométricos do balão no espaço tridimensional, permitindo manter inalteradas todas as relações espaciais geométricas, incluindo as relações da posição do eixo do aparelho, durante o processo de mistura;

- tampa hemisférica condicionalmente superior, com duas superfícies cónicas situadas num eixo, destinada a centrar, orientar e selar o volume interno do frasco e que permite introduzir todos os componentes necessários da composição inicial para a batida do óleo na parte superior, recebendo a força axial para a fixação e a selagem local do frasco a partir do fixador com um orifício de sobreposição axial, quando a estrutura do frasco é montada e selada.

- tampa hemisférica de fundo condicional, com três superfícies cónicas situadas no mesmo eixo, concebida para centrar, orientar, vedar e libertar os resíduos provenientes do abatimento do volume interno do frasco, e permitir que os resíduos gerados pelo processo de abatimento do óleo sejam descarregados na parte inferior, recebendo a força axial de fixação e vedação local do frasco, do fixador com uma válvula de esfera, quando a estrutura do frasco é montada e vedada.

O processo de batedura da manteiga de alta qualidade, extra pura, homogeneizada e sem aditivos consiste nas seguintes operações :

Após a lavagem do ciclo de mistura anterior, o balão e as tampas hemisféricas superior e inferior são pré-combinados nas superfícies cónicas, colocados no suporte e as pinças começam a comprimir ao longo do eixo, até que as superfícies cónicas - duas na tampa superior e na camisa do balão misturador e duas na tampa inferior e na camisa do balão misturador - estejam completamente alinhadas.

Em seguida, abrir o tampão de fecho do retentor superior e deitar o volume necessário de natas ácidas ou de natas fermentadas no volume interior do frasco.

Em seguida, fechar a rolha no retentor e começar a rodar o aro com o frasco. O creme azedo desloca-se ao longo do eixo da cavidade interna do frasco, efectuando um movimento completo com uma saliência no fundo da tampa por cada meia volta de rotação do aro.

Quando o ciclo de batedura está completo, o sistema é parado e a estrutura é rodada e o frasco é colocado numa posição em que a tampa inferior está no fundo, a válvula de esfera é aberta e os resíduos de batedura (subproduto) são vertidos para fora da cavidade interior do frasco.

Em seguida, soltam-se os grampos e retira-se o balão com as tampas da armação; depois, retiram-se as duas tampas e retira-se o óleo deslocado da cavidade cilíndrica interior da camisa do balão misturador. Os três componentes do balão são então lavados e um conjunto de substituição é instalado no seu lugar.

No caso de ser necessário introduzir aditivos ou uma combinação de aditivos no óleo, todos os componentes são introduzidos de acordo com o esquema acima.

Se os componentes tiverem de ser inseridos sequencialmente ou em intervalos diferentes, a estrutura deve ser parada e o tampão de fecho aberto antes de cada componente ser inserido.

A possibilidade de introdução flexível de componentes no processo, com orientação por tempo ou por grau de preparação do óleo, ou por qualquer reação tecnológica, por exemplo, por alteração da temperatura ou por características químico-tecnológicas, alarga consideravelmente a gama técnica e tecnológica do aparelho de batedura de óleo.

PROCESSO E APARELHO PARA A BATEDURA DE MANTEIGA COMPOSTA DE ORIGEM ANIMAL A PARTIR DE MATÉRIAS-PRIMAS MULTICOMPONENTES COM COMPONENTES DE ORIGEM VEGETAL E ANIMAL INCORPORADOS NUMA MATRIZ DE ÁCIDO LÁCTICO EM DIFERENTES PROPORÇÕES

O que é inventado:

1. Processo de batedura de manteiga animal, principalmente a partir de matérias-primas multicomponentes, com base numa matriz de ácido lático com qualquer teor reduzido de gordura,

   Incorporando :

   formação do material de base na cavidade interna do frasco misturador através da introdução sequencial da matriz de ácido lático e de aditivos de origem vegetal e animal;

   instalação do frasco misturador na estrutura da trela do misturador e selagem do seu volume interno por meio da fixação axial de tampas hemisféricas;

   montagem da estrutura da trela do misturador no suporte de acionamento do referido misturador, assegurando um certo ângulo entre os eixos do balão do misturador e o eixo de rotação dos fusos do suporte de acionamento, e assegurando que este ângulo se mantém constante durante todo o período de batimento;

   movimento alternativo do material de base ao longo do eixo do frasco misturador, com introdução da massa do referido material em contacto de impacto com a superfície interna das tampas hemisféricas de meia em meia volta de rotação dos fusos do suporte de acionamento;

   provocando uma mudança na direção do fluxo do material de origem por cada meia volta dos fusos da pinça de acionamento;

   Acumulação de energia cinética da massa em movimento do material de origem em cada mudança da sua direção de movimento;

   drenagem dos resíduos do processo de eliminação;
   despressurização da ampola do misturador e sua remoção do quadro de comando do misturador;

   libertar a camisa cilíndrica do frasco misturador das tampas hemisféricas e retirar o produto deslocado da camisa cilíndrica do frasco misturador.

2. Aparelho para a batedura de manteiga animal a partir de matérias-primas multicomponentes à base de matriz de ácido lático e aditivos de origem vegetal e animal,

Constituído por elementos permanentes e substituíveis, em que os elementos permanentes contêm fusos para a rotação dos elementos substituíveis colocados no suporte de acionamento, tendo um eixo de rotação comum e, transportando a estrutura da trela do misturador, principalmente sob a forma de um quadrado, tendo na diagonal os nós de fixação e vedação da camisa do balão misturador e das tampas hemisféricas, em que as extremidades da camisa do frasco misturador têm reentrâncias cónicas nas quais as saliências cónicas das tampas hemisféricas com orifícios cónicos na parte superior do hemisfério entram nos elementos de fixação e vedação, pelo menos um dos quais contém uma válvula de esfera ligada na posição fixa do referido elemento ao volume interno do frasco misturador.

3. Aparelho para a trituração de óleo animal a partir de matérias-primas multicomponentes à base de matriz desnatada de ácido lático e aditivos de liga de origem vegetal e animal, incluindo elementos permanentes e substituíveis, ligados cinemáticamente entre si por mecanismos de rotação e formação de movimento recíproco das massas trituradas das matérias-primas multicomponentes especificadas, em que os eixos de montagem e instalação dos elementos permanentes e substituíveis formam um ângulo entre si e o eixo de rotação dos fusos incluídos na cadeia cinemática dos elementos permanentes,

4. O aparelho para misturar óleo animal contendo aditivos de liga a partir de produtos de origem vegetal e animal, a partir de materiais iniciais sob a forma de matérias-primas multicomponentes à base de matriz de ácido lático com diferentes gamas de parâmetros de gordura, constituído por um balão misturador dobrável, com pelo menos dois centros de fixação, vedação e orientação em relação à estrutura da trela do misturador, e um deles tem um dispositivo para a retirada de resíduos de mistura e os seus eixos estão alinhados com o eixo do balão, que está incluída numa cadeia cinemática autónoma que forma um movimento recíproco do material de base no frasco misturador ao longo do seu eixo, que é angular em relação ao eixo de rotação da segunda cadeia cinemática autónoma que liga o suporte de acionamento a, pelo menos, dois fusos, um dos quais é um fuso motor e o outro é um fuso motor e um fuso axial, e, além disso, os eixos de rotação de ambos os fusos coincidem e são horizontais.

5. Processo de batedura de óleo animal contendo, em regra, vários aditivos de origem vegetal e animal, introduzidos no produto inicial antes do início do processo de batedura do óleo, na maioria dos casos sob a forma líquida, sendo o produto inicial uma matriz líquida de ácido lático que, após a introdução de aditivos, é uma mistura multicomponente na qual os aditivos são introduzidos na matriz básica de ácido lático, compreendendo o contacto sucessivo por impacto da referida mistura com superfícies hemisféricas que limitam a matriz interna de ácido lático.

Dispositivo para pré-mistura e homogeneização de componentes de misturas

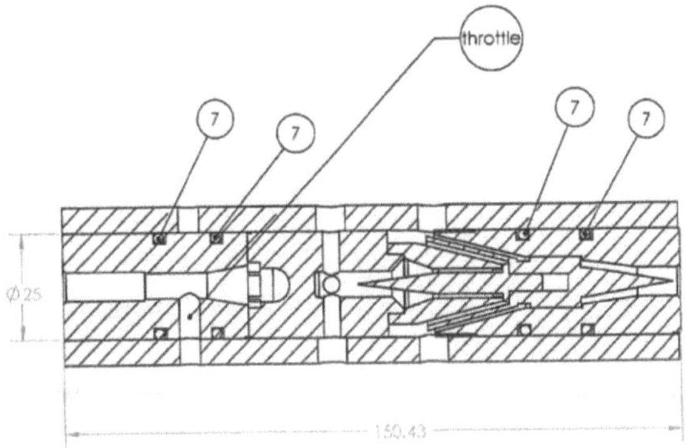

Tecnologias digitais multidisciplinares modernas de produção de produtos de confeitaria com elementos de inteligência artificial e redes neurais artificiais, nuances psicológicas e aspectos de conceção em plena conformidade com os requisitos e disposições das normas actuais

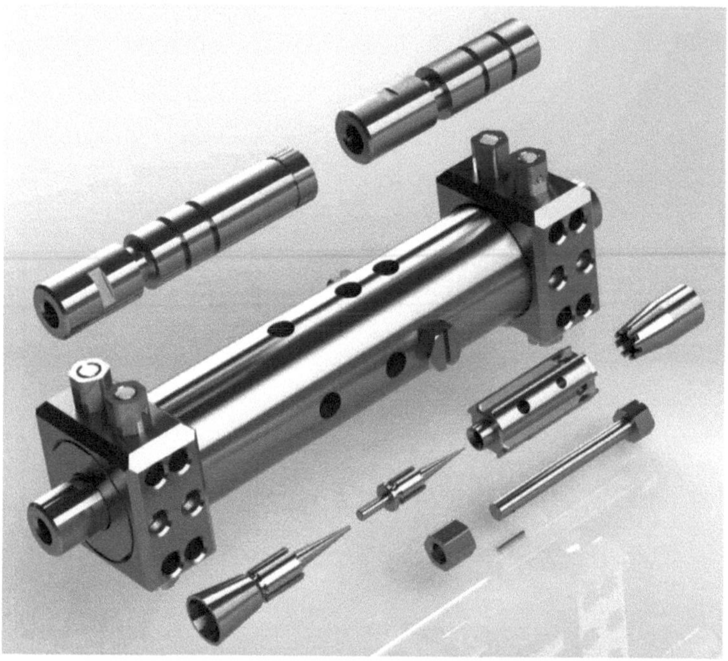

A figura 23 é um exemplo de uma conceção moderna e inovadora com imitação total dos materiais de construção utilizados e das suas propriedades e características de desempenho, incluindo o tipo de maquinagem e o tipo de acabamento

O modelo apresentado na figura é uma réplica exacta de um dispositivo para homogeneização linear em linha de componentes líquidos de materiais e misturas de confeitaria para utilização subsequente nas fases finais da produção de confeitaria

Todos os inventores sabem que, por vezes, há soluções técnicas que funcionam em condições reais, funcionam e resolvem muitos problemas, que já levaram o inventor a uma análise inovadora e iniciaram a sua atividade criativa intencional, e há soluções técnicas óbvias e rebuscadas, que são criadas isoladamente da realidade real e não resolvem absolutamente nada, exceto a concretização de reivindicações ambiciosas de qualquer ideia (na maioria das vezes inútil) no domínio da engenharia e da tecnologia; isto é especialmente verdade no domínio da engenharia e da tecnologia.

Além disso, as soluções técnicas que surgem em qualquer local específico afectam necessariamente, de forma direta ou indireta, os estereótipos técnicos estabelecidos e as barreiras psicológicas que surgiram e surgem constantemente com base neles, impedindo a superação das contradições técnicas e tecnológicas que surgiram com base e no desenvolvimento dessas barreiras psicológicas.

Há vinte anos atrás, a necessidade de invenções do segundo grupo e a necessidade igualmente importante de ter em conta a influência das barreiras psicológicas era de alguma forma justificada pelo seu papel auxiliar como base para a seleção selectiva das soluções técnicas mais eficazes e não óbvias de toda a massa de ideias técnicas e criativas combinadas iniciadas.

O aparecimento das tecnologias da informação e a redução acentuada do ciclo de tempo para o desenvolvimento e transformação de uma ideia inventiva num produto efetivamente necessário, procurado pelo mercado e realizável, a complexidade crescente das componentes técnicas e tecnológicas dos novos produtos, provocando um aumento proporcional do custo de fabrico de protótipos do produto inventado e dos seus testes, obrigam a considerar de uma forma completamente nova a possibilidade de criar soluções técnicas com funções inovadoras auxiliares, mas absolutamente sem importância.

Ora, se um inventor quer que as suas ideias inovadoras sejam utilizadas, tem de ser mais versátil e possuir não só as técnicas da previsão, da intuição e, em certa medida, da imaginação desenvolvida, mas também ser praticamente um especialista multidisciplinar, pelo menos pressentindo e (melhor se) compreendendo bem as exigências comerciais e de consumo do mercado, independentemente dos estereótipos e das barreiras psicológicas que lhes estão associadas, muitas vezes baseadas na total obviedade das formas de implementação das ideias sintetizadas.

Há várias direcções básicas que têm uma influência decisiva no destino das novas ideias nas condições actuais e que, se forem tidas em conta, podem permitir assegurar um nível real e elevado de sucesso comercial ou, se forem negligenciadas, fecharão para sempre o caminho para a concretização da ideia sob qualquer forma comercial.

O autor propõe-se passar em revista algumas destas tendências fundamentais (evidentemente, o âmbito desta publicação só nos permite fazê-lo sob a forma de tese). :

Para as inovações tecnológicas modernas, que são em grande parte formadas por um brainstorming ativo e intensivo, com a participação de uma equipa ou grupo suficientemente grande de especialistas interessados, em maior ou menor grau, num resultado efetivo, que em princípio pode ser considerado equivalente a um resultado final ideal, existem problemas reais na organização do processo de inovação, causados por razões objectivas, algumas das quais são estereótipos psicológicos, tecnológicos e construtivos, bem como problemas óbvios na organização do processo de inovação.

As soluções técnicas - compósitas - tecnológicas óbvias, emergentes e em constante emergência, são avaliadas e consideradas através do prisma das conclusões da prática de aplicação das leis de desenvolvimento e construção de tecnologias industriais, máquinas e mecanismos, que surgiram pelo menos no século passado, numa altura em que nada de materiais, componentes e peças de componentes modernos em combinação com a eletrónica industrial moderna e a tecnologia laser era desconhecido

Além disso, a integração de elementos de inteligência artificial e de redes neuronais artificiais na infraestrutura dos novos sistemas técnicos torna extremamente complexos os processos de conceção e de formação das características técnicas e tecnológicas dos produtos inovadores

Esta situação é ainda agravada pelo facto de, tal como mencionado na primeira parte desta publicação, o reconhecimento de uma solução técnica como invenção se basear, nos EUA e na maioria dos outros países, em características diferentes - nos EUA em 4 características e noutros países em 3 características.

O atributo mencionado é o fator subjetivo da avaliação da solução técnica, que inicia o desenvolvimento gradual e o enraizamento do estereótipo psicológico baseado na divisão das novas soluções técnicas em óbvias e não óbvias.

A presença de um fator subjetivo claramente expresso implica, no processo de avaliação da solução técnica, uma comparação com elementos construtivos ou tecnológicos conhecidos e com as suas combinações, conhecidas de desenvolvimentos anteriores conhecidos

A familiaridade com esta ou aquela solução e com todas as nuances da sua aplicação não pode ser um fator objetivo, uma vez que a decisão sobre a obviedade ou não obviedade de uma solução técnica depende fundamentalmente do nível de conhecimentos e da competência profissional dos peritos

Nos desenhos e soluções tecnológicas modernos, a novidade não é o reflexo de uma única disciplina técnica, mas sim de uma combinação de disciplinas integradas, incluindo a eletrónica, a microeletrónica, a ciência moderna dos materiais, a fibra ótica e a tecnologia laser, o que exige uma avaliação de todas as posições de obviedade ou não obviedade, que só pode ser avaliada por especialistas restritos, juntamente com especialistas em integração complexa.

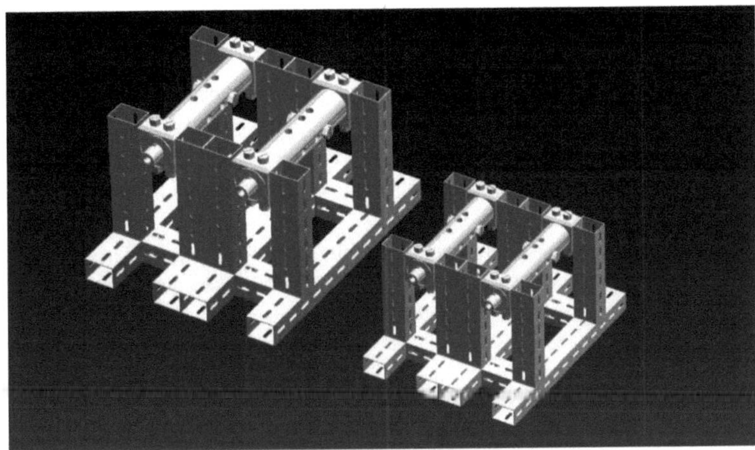

Figura 24, - a figura mostra variantes de layout industrial dos dispositivos apresentados na Figura -1 com uma análise tridimensional do fator de escala, bem como com uma análise paralela do grau de não obviedade de todo o conjunto de soluções associadas a este produto inovador

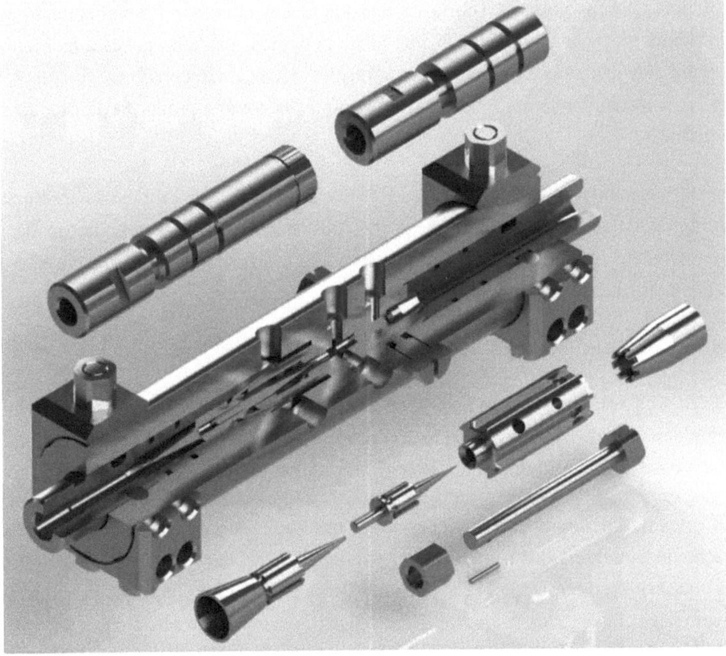

A **figura** 25 é um exemplo de uma conceção moderna e inovadora com secções

transversais e com análises técnicas e inovadoras do nível e da persuasão da qualificação do grau de não obviedade de todas as partes do dispositivo e do mesmo grau de não obviedade das características funcionais das associações de montagem e das vantagens comerciais subsequentes destas características

Em cada disciplina, diferentes soluções genéricas enraízam-se ao longo do tempo, evoluindo gradualmente para categorias de estereótipos familiares a praticamente todos os profissionais

Este tipo de estereótipos vai-se enraizando gradualmente na prática quotidiana e qualquer mudança na conceção ou na tecnologia encontra uma certa barreira que, com o tempo, se transforma numa barreira psicológica tecnogénica formalizada

Nesta situação, a participação efectiva na síntese de ideias inovadoras e através do recurso ao brainstorming, levando essas ideias e as suas combinações inovadoras à emergência de um resultado final ideal limítrofe, pode encontrar e praticamente esbarra em barreiras psicológicas estereotipadas, que mesmo no caso da geração de propostas técnicas exequíveis por parte do grupo, não sendo óbvias para o especialista médio desta indústria em particular, não podem ser percebidas de forma inequívoca e, por regra, sobretudo na fase inicial, podem ser rejeitadas.

Se nos debruçarmos sobre a Teoria da Resolução Inventiva de Problemas e os seus métodos para alcançar um resultado final ideal, podemos constatar que esta teoria não é totalmente adequada às condições das soluções técnicas integradoras e complexas modernas, especialmente em indústrias tão complexas como a produção de produtos de confeitaria.

No entanto, mesmo sem isso, a Teoria da Resolução Inventiva de Problemas apresentava um conjunto de falhas significativas, o que, obviamente, levou à estagnação do seu desenvolvimento após a morte do autor, bem como a dificuldades significativas na sua aplicação prática.

Quais eram esses defeitos?

Na TRIZ, ao nível do desenvolvimento da engenharia e da tecnologia da época, tentou-se formular as leis do desenvolvimento dos sistemas técnicos, que constituiriam a base da TRIZ e a base da metodologia geral de resolução de problemas.

Todos estes desenvolvimentos permaneceram relevantes até ao momento da criação e aplicação da tecnologia dos processadores e, através deles, da adaptação com resultados ideais clássicos de novas soluções conceptuais, cuja eficácia foi determinada não só pela perfeição das soluções construtivas e tecnológicas e das suas combinações, mas também pela perfeição das suas soluções de software adaptadas, trazendo invenções com características comerciais fundamentalmente novas

No entanto, a maioria dos regulamentos e leis formulados há 70 anos não são os mesmos hoje em dia, devido à adoção generalizada de tecnologias digitais.

Dever-se-ia antes chamar-lhes regularidades do desenvolvimento tecnológico, que estão longe de ser completas. Esta é a razão pela qual nunca existiu uma metodologia coerente de resolução de problemas baseada nas leis do desenvolvimento.

E as leis formuladas foram usadas principalmente como justificações metodológicas para os exemplos dados de invenções. Os factores de conveniência comercial foram completamente excluídos e a sua influência nos métodos de utilização das leis em constante modificação do desenvolvimento de sistemas técnicos para a modernização, otimização e modificação do objeto, o que pode transformar evolutivamente a invenção num produto inovador não óbvio e num novo nível de utilização comercial totalmente exigido.

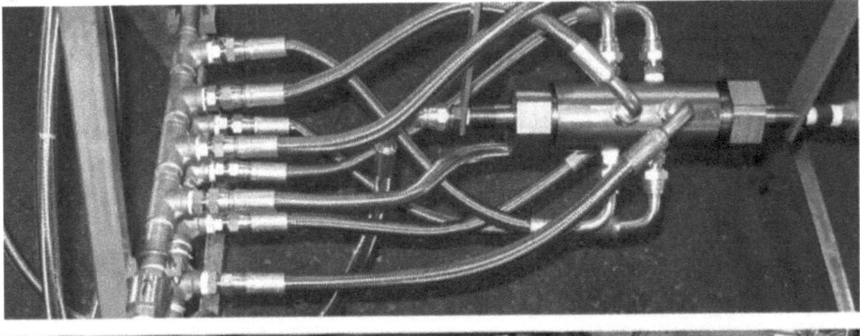

As figuras 26 e 27 são exemplos de conceção inovadora combinatória baseada nos princípios de superação dos estereótipos tecnogénicos

Os recentes litígios em matéria de patentes entre as maiores empresas tecnológicas do mundo mostram e provam que as leis de desenvolvimento dos sistemas técnicos formuladas na TRIZ não podem refletir toda a variedade de tarefas, funções e características de um objeto multifuncional moderno que não seja óbvio nas suas características estruturais, e tendo em conta todos os novos factores que surgiram e continuam a surgir constantemente, caracterizando um objeto inovador, é necessário redefinir estas leis ligando-as às leis de desenvolvimento das estruturas comerciais e às leis de desenvolvimento da inovação.

1. A abordagem dialética (análise das contradições) integrada na principal ferramenta de resolução de problemas, que era o ARIZ, foi complementada e amplamente alterada pela introdução de novos conceitos (contradição técnica e física).
2. Estas novas noções alteraram a essência da contradição dialética formulada na lógica dialética, o que levou a dificuldades na identificação da contradição ao tentar resolver problemas inventivos reais com a ajuda da ARIZ e não qualificou o nível de não obviedade da solução técnica, especialmente quando adaptada com elementos de inteligência artificial e redes neuronais artificiais.

Tendo em conta todas as tecnologias digitais e aplicações de software implementadas com soluções clássicas de base, deveríamos concentrar-nos neste aspeto separadamente - o que pode ser considerado uma verdadeira tarefa inventiva, como harmonizar a combinação psicológica das avaliações do inventor, do fabricante e do consumidor?

Como é que uma formulação correcta ou incorrecta de um problema inventivo pode afetar a comercialização da invenção resultante?

É possível proteger de forma fiável a solução técnica complexa resultante contra cópias não autorizadas?

A procura de respostas para todas estas e muitas outras questões está a tornar-se uma parte importante da dialética da criação de uma estratégia para patentear e licenciar invenções, certamente em conjunto com a qualificação do grau de não obviedade da invenção.

O aperfeiçoamento do ARIZ (criação de novas modificações do algoritmo do ARIZ-77 para o ARIZ-85B) não seguiu o caminho da eliminação de imprecisões nos procedimentos de deteção de contradições, mas sim o caminho da complicação do algoritmo.

Como resultado, a última modificação oficial do algoritmo ARIZ-85B tornou-se extremamente pesada e de pouca utilidade prática.

3. A TRIZ nunca encontrou mecanismos claros de transição de uma contradição formulada para a sua resolução prática. Este facto criou sérias dificuldades na resolução de problemas do mundo real com a ajuda da TRIZ.
4. A TRIZ declarou a rejeição da metodologia de ativação da procura de variantes, mas a maior parte das chamadas ferramentas TRIZ representavam exatamente esses métodos.
5. Na TRIZ, esta análise foi apresentada como uma abordagem científica baseada na análise das regularidades do desenvolvimento estrutural de objectos técnicos. No

entanto, o pressuposto de que na análise são utilizados campos físicos inexistentes, bem como a possibilidade de interpretação ambígua dos desenhos e das regras da sua transformação, permitem-nos antes remeter esta análise para os métodos de ativação da seleção de variantes, mas não para a análise científica.

6. O mais próximo da ideia de formalização do procedimento de resolução de problemas inventivos foi a criação, na TRIZ, de tabelas e técnicas para a resolução de contradições técnicas. Esta abordagem baseava-se na análise estatística das descrições de invenções então existentes. No entanto, apesar das perspectivas existentes, não foi mais desenvolvida na TRIZ e, devido a uma série de deficiências e à obsolescência das conclusões estatísticas, perdeu a sua relevância para a utilização prática.

7. Existe uma ilusão generalizada de que a TRIZ pode ser implementada na produção real. A TRIZ é um método individual de resolução de problemas, cuja aplicação é uma escolha pessoal de uma pessoa, ou seja, a escolha pessoal tem um sério aspeto psicológico. Por este motivo, é impossível integrar a TRIZ em qualquer processo de produção. Na melhor das hipóteses, uma empresa pode organizar uma formação em TRIZ para os seus funcionários, a fim de reforçar as suas capacidades criativas (o que é feito atualmente nos EUA).

Durante o período do seu desenvolvimento ativo (década de 1980), estas deficiências e erros foram compensados com sucesso pelo entusiasmo dos adeptos da TRIZ. No entanto, as falhas existentes na TRIZ e o abandono da TRIZ como resultado da crise de produção dos seus principais criadores, que foram capazes de ver essas falhas, levaram a uma estagnação no desenvolvimento da teoria. Na opinião do autor desta publicação, esta é a principal razão pela qual nada de novo digno de atenção séria apareceu na TRIZ na última década.

Lista de literatura utilizada, informações sobre patentes e licenças

APÊNDICE 1-1

Pedido de patente dos Estados Unidos	**20210104744**
Tipo Código	**A1**
<u>**OGUNI; Teppei ; et al.**</u>	<u>**8 de abril de 2021**</u>

BATERIA SECUNDÁRIA E RESPECTIVO MÉTODO DE FABRICO

Resumo

É fornecida uma camada para evitar um curto-circuito entre um elétrodo positivo e um elétrodo negativo numa *bateria* sólida, utilizando uma camada que contém um eletrólito sólido. Como eletrólito sólido entre o elétrodo positivo e o elétrodo negativo, é utilizada uma camada que contém um composto de grafeno. Os iões de lítio podem passar através da camada que contém o composto de grafeno. Os iões de lítio são adicionados previamente na camada que contém o composto de grafeno. Especificamente, é utilizado um modificador e um composto de grafeno quimicamente modificado com um grupo funcional, como éter e éster, com uma distância entre camadas aumentada.

APÊNDICE 1-2

Pedido de patente dos Estados Unidos	**20210104719**
Tipo Código	**A1**
<u>**OIKAWA; Makiko**</u>	<u>**Abril 8, 2021**</u>

ELÉCTRODO DE BATERIA E MÉTODO DE FABRICO DO MESMO

Resumo

É apresentado um método de fabrico de um elétrodo *de bateria*. O método inclui: formar um precursor do elétrodo *de bateria* incluindo uma área de revestimento de dupla face na qual ambos os lados de um coletor de corrente são revestidos com uma camada de material de elétrodo e uma área de revestimento de face única adjacente à área de revestimento de dupla face; submeter o coletor de corrente localizado numa porção limite entre a área de revestimento de dupla face e a área de revestimento de face única a um tratamento térmico local; e pressurizar o precursor do elétrodo *de bateria*. A área de revestimento de uma só face inclui um lado principal do coletor de corrente que é revestido com a camada de material do elétrodo.

Pedido de patente dos Estados Unidos	**20210100579**
Tipo Código	**A1**
Shelton, IV; Frederick E. ; et al.	**8 de abril de 2021**

INSTRUMENTOS CIRÚRGICOS PORTÁTEIS MODULARES ALIMENTADOS POR BATERIA E RESPECTIVOS MÉTODOS

Resumo

É apresentado um método de controlo de um instrumento cirúrgico portátil modular alimentado *por bateria*. O instrumento cirúrgico inclui uma *bateria, um* sensor de entrada do utilizador, um controlador, um circuito de acionamento de radiofrequência (RF), um transdutor ultrassónico, um circuito de acionamento do transdutor ultrassónico e uma extremidade. A pinça inclui um elétrodo acoplado eletricamente ao circuito de acionamento de RF, uma lâmina ultra-sónica acoplada acusticamente ao transdutor ultrassónico e um sensor para medir os parâmetros do tecido. O método inclui a aplicação de um sinal de acionamento de corrente de RF ao elétrodo pelo circuito de acionamento de RF; a aplicação de um sinal de acionamento ultrassónico ao transdutor ultrassónico pelo circuito de acionamento do transdutor ultrassónico para excitar acusticamente a lâmina ultra-sónica; o controlo da intensidade, forma de onda e/ou frequência do sinal de acionamento de corrente de RF e do sinal de acionamento ultrassónico numa medida detectada de um tecido ou parâmetro do utilizador.

Pedido de patente dos Estados Unidos	**20210091416**
Tipo Código	**A1**
SEKI; Hayato ; et al.	**25 de março de 2021**

BATERIA SECUNDÁRIA, CONJUNTO DE BATERIAS, VEÍCULO E FONTE DE ALIMENTAÇÃO ESTACIONÁRIA

Resumo

Uma *pilha* secundária inclui um elétrodo positivo, um primeiro eletrólito aquoso mantido no elétrodo positivo, um elétrodo negativo, um segundo eletrólito aquoso mantido no elétrodo negativo, e um separador interposto entre o elétrodo positivo e o elétrodo negativo. A diferença entre a pressão osmótica (N/m.sup.2) do primeiro eletrólito aquoso e a pressão osmótica (N/m.sup.2) do segundo eletrólito aquoso é igual ou inferior a 90% (incluindo 0%) da pressão osmótica mais elevada do primeiro eletrólito aquoso e da pressão osmótica do segundo eletrólito aquoso.

Pedido de patente dos Estados Unidos   20210091402
Tipo Código   **A1**
<u>**Londarenko; Yuriy Y.**</u>   <u>**março 25, 2021**</u>

CONFIGURAÇÕES DE PILHAS MULTICAMADAS

Resumo

As células *de bateria* recarregáveis de acordo com as modalidades da presente tecnologia podem incluir um *invólucro* que inclui um primeiro segmento condutor operável no potencial do ânodo e um segundo segmento condutor operável no potencial do cátodo. O *invólucro* pode incluir uma junta posicionada entre o primeiro segmento condutor e o segundo segmento condutor e configurada para selar hermeticamente o *invólucro*. As células *da bateria* podem também incluir uma pilha de eléctrodos. A pilha de eléctrodos pode incluir um coletor de corrente catódica com um material ativo catódico que se estende ao longo de uma primeira superfície do coletor de corrente catódica. O coletor de corrente catódica pode ser caracterizado por, pelo menos, duas pregas. A pilha de eléctrodos pode também incluir um coletor de corrente anódica com um material ativo anódico que se estende ao longo de uma primeira superfície do coletor de corrente anódica. O coletor de corrente do ânodo pode ser caracterizado por, pelo menos, duas pregas.

Pedido de patente dos Estados Unidos   20210091363
Tipo Código   **A1**
<u>**Lane; Robert Clinton**</u>   <u>**Março 25, 2021.**</u>

Sistema de fusíveis de células paralelas para módulos de baterias de alta tensão

Resumo

Um sistema de fusão para um bloco de *bateria de* iões de lítio num módulo *de bateria* é fornecido onde o sistema de fusão tem uma combinação de fusíveis de baixa tensão e um fusível de alta tensão. O fusível de baixa tensão pode ter um ou mais elementos de fusão numa configuração em espiral elástica ou numa configuração reta com o elemento de fusão encapsulado.

Pedido de patente dos Estados Unidos   20210091360
Tipo Código   **A1**
<u>**Balaram; Haran ; et al.**</u>   <u>**25 de março de 2021**</u>

BATERIA COM MÓDULO DE SISTEMA LIGADO

Resumo

Os sistemas *de bateria* de acordo com as modalidades da presente tecnologia podem incluir uma *bateria*. A *bateria* pode incluir um primeiro terminal de elétrodo e um segundo terminal de elétrodo acessível ao longo de uma primeira superfície da *bateria*. Os sistemas podem incluir um módulo acoplado eletricamente à *bateria*. O módulo pode incluir uma placa de circuito caracterizada por uma primeira superfície e uma segunda superfície oposta à primeira superfície. O módulo pode incluir um molde que se estende da primeira superfície da placa de circuito em direção à *bateria*. O módulo pode incluir uma primeira patilha condutora que liga eletricamente o módulo ao primeiro terminal do elétrodo. O módulo pode incluir uma segunda patilha condutora que liga eletricamente o módulo ao segundo terminal do elétrodo. A segunda patilha condutora pode estender-se através do molde de forma substancialmente paralela à primeira superfície da placa de circuitos.

APÊNDICE 1-8

Pedido de patente dos Estados Unidos	**20210075063**
Tipo Código	**A1**
Dou; Shushi ; et al.	**11 de março de 2021**

BATERIA DE IÕES DE LÍTIO E APARELHO

Resumo

Esta aplicação fornece uma *bateria de iões* de lítio e um aparelho. A *bateria de iões* de lítio inclui um conjunto de eléctrodos e um eletrólito. O conjunto do elétrodo inclui uma placa de elétrodo positivo, uma placa de elétrodo negativo e um separador. Um material ativo positivo da placa do elétrodo positivo inclui Li.sub.x1Co.sub.y1M.sub.1-y1O.sub.2-z1Q.sub.z1, em que 0,5.ltoreq.x1.ltoreq.1.2, 0,8.ltoreq.y1.ltoreq.1.0, 0.ltoreq.z1.ltoreq.0.1, M é selecionado a partir de um ou mais dos seguintes elementos: Al, Ti, Zr, Y e Mg, e Q é selecionado a partir de um ou mais dos seguintes elementos: F, Cl e S. O eletrólito contém um aditivo A, um aditivo B e um aditivo C. O aditivo A é um composto polinitrilo de seis membros azotado-heterocíclico com um potencial de oxidação relativamente baixo. O aditivo B é um composto de fosfito de sililo ou um composto de fosfato de sililo ou uma mistura destes. O aditivo C é um composto de carbonato cíclico substituído por halogéneo.

Pedido de patente dos Estados Unidos	20210075060
Tipo Código	**A1**
NAKAYAMA; Tetsuri	**Março 11, 2021**

PILHA SECUNDÁRIA DE ELECTRÓLITO NÃO AQUOSO

Resumo

Uma *bateria* secundária de eletrólito não aquoso aqui divulgada inclui um elétrodo positivo, um elétrodo negativo e um eletrólito não aquoso. O elétrodo positivo inclui um coletor de corrente de elétrodo positivo e uma camada de material ativo de elétrodo positivo no coletor de corrente de elétrodo positivo. O eletrólito não aquoso contém fluorossulfonato de lítio. A camada de material ativo do elétrodo positivo contém um material ativo do elétrodo positivo. A camada de material ativo do elétrodo positivo contém alumina hidratada, pelo menos numa porção da camada superficial.

Pedido de patente dos Estados Unidos	20210075015
Tipo Código	**A1**
LEE; Jungmin ; et al.	**11 de março de 2021**

ÂNODO DE BATERIA SECUNDÁRIA DE LÍTIO E BATERIA SECUNDÁRIA DE LÍTIO QUE INCLUI O MESMO

Resumo

O ânodo da *bateria secundária de* lítio inclui um coletor de corrente e uma camada de material ativo do ânodo localizada em pelo menos uma superfície do coletor de corrente, em que a camada de material ativo do ânodo inclui uma camada de material ativo do ânodo com uma esfericidade de 0,83 a 0,91 e um aglutinante com um diâmetro médio de partícula (D50) de 180 nm a 450 nm.

Pedido de patente dos Estados Unidos	20210075008
Tipo Código	**A1**
Park; Benjamin Yong ; et al.	**março 11, 2021**

Dispositivo de armazenamento de energia pré-litizado e métodos de pré-litização

Resumo

A presente divulgação diz respeito a eléctrodos de Si pré-litizados, métodos de pré-litização de eléctrodos de Si e utilização de eléctrodos pré-litizados em dispositivos electroquímicos. Existem várias características da prelitização de eléctrodos que permitem um desempenho superior *da bateria*. Em primeiro lugar, um ânodo de silício pré-litizado já se encontra no seu estado expandido durante a formação da SEI e, por conseguinte, uma menor quantidade da camada SEI decompõe-se e reforma-se durante o ciclo. Em segundo lugar, o ânodo pré-litizado tem um potencial anódico mais baixo, o que também pode ajudar o desempenho do ciclo de um dispositivo eletroquímico.

ANEXO 1-12

Pedido de patente dos Estados Unidos	**20210066712**
Tipo Código	**A1**
KIM; Young-Ki ; et al.	**4 de março de 2021.**

MATERIAL ACTIVO DE ELÉCTRODO POSITIVO PARA BATERIA DE LÍTIO RECARREGÁVEL E BATERIA DE LÍTIO RECARREGÁVEL QUE INCLUI O MESMO

Resumo

A presente invenção refere-se a um material ativo de elétrodo positivo para uma *bateria* de lítio recarregável e a uma *bateria* de lítio recarregável que inclui o mesmo, em que o material ativo de elétrodo positivo compreende um núcleo e uma camada superficial formada na superfície do núcleo, o núcleo compreendendo uma primeira estrutura cristalina, a camada superficial compreendendo uma primeira estrutura cristalina e uma segunda estrutura cristalina diferente da primeira estrutura cristalina, estando a primeira estrutura cristalina mais presente do que a segunda estrutura cristalina na camada superficial.

ANEXO 1-13

Pedido de patente dos Estados Unidos	**20210066683**
Tipo Código	**A1**
Lane; Robert Clinton	**4 de março de 2021.**

Método para prevenir ou minimizar eventos de fuga térmica em baterias de iões de lítio

Resumo

Um método para prevenir ou minimizar a ocorrência de um evento de fuga térmica num módulo *de bateria* de um veículo elétrico. O método coloca uma barreira de gás entre um espaço de ventilação e uma parede de cada célula *da bateria*, de modo a que o gás que sai de uma célula *da bateria não entre* em contacto com outra célula *da bateria*.

ANEXO 1-14

Pedido de patente dos Estados Unidos	**202100577777**
Tipo Código	**A1**
<u>**SUGIYO; Takeshi ; et al.**</u>	<u>**25 de fevereiro de 2021**</u>

BATERIA TOTALMENTE EM ESTADO SÓLIDO, MÉTODO DE FABRICO DA MESMA E DISPOSITIVO DE PROCESSAMENTO

Resumo

A presente invenção evita o colapso da borda de uma camada de elétrodo de um corpo laminado incluído numa *bateria totalmente em* estado sólido. Um método de produção de uma *bateria de* estado sólido inclui uma etapa de formação de um corpo laminado (310) que inclui (i) uma camada de elétrodo positivo (302), (ii) uma camada de elétrodo negativo (304) com uma polaridade oposta à polaridade da camada de elétrodo positivo (302) e (iii) uma camada de eletrólito sólido (303) disposta entre a camada de elétrodo positivo (302) e a camada de elétrodo negativo (304); e uma etapa de corte que consiste em cortar um bordo periférico exterior do corpo laminado (310) de modo a formar um corpo laminado contendo um material em pó.

ANEXO 1-15

Pedido de patente dos Estados Unidos	**20210057755**
Tipo Código	**A1**
<u>**Brewer; John C. ; et al.**</u>	<u>**25 de fevereiro de 2021**</u>

ÂNODOS PARA DISPOSITIVOS DE ARMAZENAMENTO DE ENERGIA À BASE DE LÍTIO

Resumo

É divulgado um ânodo para um dispositivo de armazenamento de energia à base de lítio, como uma *bateria* de iões de lítio. O ânodo inclui um coletor de corrente com uma camada condutora de eletricidade e uma camada de superfície que cobre a camada condutora de eletricidade. Uma camada de armazenamento de lítio cobre a camada superficial e a camada superficial inclui um calcogeneto metálico com pelo menos um dos seguintes elementos: enxofre ou selénio. O calcogeneto metálico pode incluir um sulfureto metálico, um polissulfureto metálico, um seleneto metálico, um polisseleneto metálico ou uma combinação destes. O calcogeneto metálico pode incluir um sulfureto de cobre ou um polissulfureto de cobre. A camada de armazenamento de lítio pode incluir um teor total de silício, germânio ou uma combinação dos mesmos de, pelo menos, 40 % atómico. A camada de armazenamento de lítio pode ser uma camada porosa contínua de armazenamento de lítio com uma densidade média de cerca de 1,1 g/cm.sup.3 a cerca de 2,25 g/cm.sup.3 e compreende pelo menos 85 % atómico de silício amorfo.

ANEXO 1-16

Pedido de patente dos Estados Unidos	**20210057721**
Tipo Código	**A1**
KAWASAKI; Daisuke ; et al.	**25 de fevereiro de 2021**

BATERIA SECUNDÁRIA DE IÕES DE LÍTIO

Resumo

É fornecida uma *bateria* secundária de iões de lítio com elevada densidade energética e excelentes características de ciclo, e que dificilmente causa queimaduras. A presente invenção diz respeito a uma *bateria* secundária de iões de lítio que compreende uma camada de mistura de eléctrodos que inclui um material ativo de elétrodo que compreende uma liga de Si com um diâmetro médio de 1,2 .mu.m ou menos e 12% em peso ou mais e 50% em peso ou menos de um ligante de elétrodo; e uma solução electrolítica compreendendo 60% em volume ou mais e 99% em volume ou menos de um composto de éster de ácido fosfórico, 0% em volume ou mais e 30% em volume ou menos de um composto de éter fluorado e 1% em volume ou mais e 35% em volume ou menos de um composto de carbonato fluorado, em que a quantidade total do composto de éster de ácido fosfórico e do composto de éter fluorado é 65% em volume ou mais.

ANEXO 1-17

Pedido de patente dos Estados Unidos	**20210057690**
Tipo Código	**A1**
Fukutome; Kazuaki ; et al.	**fevereiro 25, 2021**

BATERIA E MÉTODO DE FABRICO DA MESMA

Resumo

Um conjunto de *baterias* inclui uma pluralidade de células *de bateria* secundárias, um suporte *de bateria*, um substrato de circuito e uma caixa exterior, em que o suporte *de bateria* está dividido numa pluralidade de suportes divididos, cada um dos suportes divididos forma uma estrutura de encaixe para encaixar os suportes divididos uns nos outros numa interface para unir os suportes divididos, o suporte *da bateria* forma uma área de suporte do substrato que contém um substrato de circuito com o substrato de circuito rodeado por paredes laterais num estado em que os suportes divididos são acoplados uns aos outros pela estrutura de encaixe, uma interface de junção em que os suportes divididos são encaixados uns nos outros pela estrutura de encaixe dos suportes divididos é exposta na área de suporte do substrato, e uma superfície do substrato do circuito é coberta com uma resina de envasamento na área de suporte do substrato.

ANEXO 1-18

Pedido de patente dos Estados Unidos	**20210057687**
Tipo Código	**A1**
MATSUO; Tatsumi ; et al.	**25 de fevereiro de 2021**

DISPOSITIVO DE BATERIA E MÉTODO DE FABRICO

Resumo

Um dispositivo *de bateria* inclui uma célula *de bateria*; um membro exterior que acomoda a célula *de bateria*; e um ou mais membros de fixação de resina espumada dispostos entre a célula *de bateria* e o membro exterior. Os elementos de fixação de resina espumada são formados por uma resina espumada com capacidade de auto-adesão.

ANEXO 1-19

Pedido de patente dos Estados Unidos	**20210053689**
Tipo Código	**A1**
Lynn; Robert ; et al.	**25 de fevereiro de 2021**

SISTEMA E MÉTODO DE GESTÃO TÉRMICA DO HABITÁCULO DO VEÍCULO

Resumo

O sistema pode incluir um subsistema de gestão térmica a bordo. O sistema 100 pode, opcionalmente, incluir um subsistema de infra-estruturas fora de bordo (extraveicular). O subsistema de gestão térmica a bordo pode incluir: um conjunto de *baterias*, um ou mais circuitos de fluido e um coletor de ar. O sistema 100 pode incluir, adicional ou alternativamente, quaisquer outros componentes adequados.

Pedido de patente dos Estados Unidos 20210052313
Tipo Código **A1**
Shelton, IV; Frederick E. ; et al. **25 de fevereiro de 2021**

INSTRUMENTO CIRÚRGICO PORTÁTIL MODULAR ALIMENTADO POR BATERIA COM APLICAÇÃO SELECTIVA DE ENERGIA COM BASE NA CARACTERIZAÇÃO DOS TECIDOS

Resumo

Um instrumento cirúrgico compreende um conjunto de haste que inclui uma haste e uma pinça acoplada a uma extremidade distal da haste; um conjunto de pega acoplado a uma extremidade proximal da haste; um conjunto de *bateria* acoplado ao conjunto de pega; uma saída de energia de radiofrequência (RF) alimentada pelo conjunto de *bateria* e configurada para aplicar energia RF a um tecido; uma saída de energia ultra-sónica alimentada pelo conjunto *da bateria e configurada* para aplicar energia ultra-sónica ao tecido; e um controlador configurado para, com base pelo menos em parte numa caraterística medida do tecido, iniciar a aplicação de energia RF pela saída de energia RF ou a aplicação de energia ultra-sónica pela saída de energia ultra-sónica num primeiro momento.

Pedido de patente dos Estados Unidos 20210050591
Tipo Código **A1**
Brewer; John C. ; et al. **fevereiro 18, 2021**

ÂNODOS PARA DISPOSITIVOS DE ARMAZENAMENTO DE ENERGIA À BASE DE LÍTIO E MÉTODOS DE FABRICO DOS MESMOS

Resumo

Um método de fabrico de um ânodo pré-litizado para utilização numa *bateria* de iões de lítio inclui o fornecimento de um coletor de corrente com uma camada eletricamente condutora e uma camada de óxido de metal sobreposta à camada eletricamente condutora. A camada de óxido de metal tem uma espessura média de pelo menos 0,01 .mu.m. Uma camada porosa contínua de armazenamento de lítio é depositada sobre a camada de óxido de metal por um processo CVD. O lítio é incorporado na camada porosa contínua de armazenamento de lítio para formar uma camada de armazenamento litiada antes de um primeiro ciclo eletroquímico quando o ânodo é montado na *bateria*. O ânodo pode ser incorporado numa *bateria de* iões de lítio juntamente com um cátodo. O cátodo pode incluir enxofre ou selénio e o ânodo pode ser pré-litizado.

ANEXO 1-22

Pedido de patente dos Estados Unidos	**20210043941**
Tipo Código	**A1**
HORIUCHI; Hiroshi ; et al.	**11 de fevereiro de 2021.**

BATERIA

Resumo

Uma *pilha* inclui um elétrodo positivo que inclui um coletor de corrente de elétrodo positivo e uma camada de material ativo de elétrodo positivo fornecida no coletor de corrente de elétrodo positivo e tem uma porção exposta do coletor de corrente de elétrodo positivo na qual o coletor de corrente de elétrodo positivo está exposto; um elétrodo negativo, que inclui um coletor de corrente de elétrodo negativo e uma camada de material ativo de elétrodo negativo no coletor de corrente de elétrodo negativo e tem uma porção exposta do coletor de corrente de elétrodo negativo na qual o coletor de corrente de elétrodo negativo está exposto; um separador entre o elétrodo positivo e o elétrodo negativo; e uma camada intermédia entre o separador e pelo menos um dos eléctrodos positivo e negativo e que inclui pelo menos uma fluororresina e um grão.

ANEXO 1-23

Pedido de patente dos Estados Unidos	**20210043931**
Tipo Código	**A1**
KIM; Do-Yu	**Fevereiro 11, 2021**

PRECURSOR DE MATERIAL ACTIVO POSITIVO PARA BATERIA DE LÍTIO RECARREGÁVEL, MATERIAL ACTIVO POSITIVO PARA BATERIA DE LÍTIO RECARREGÁVEL, MÉTODO DE PREPARAÇÃO DO MATERIAL ACTIVO POSITIVO E BATERIA DE LÍTIO RECARREGÁVEL QUE INCLUI O MATERIAL ACTIVO POSITIVO

Resumo

Uma forma de realização permite obter um precursor de material ativo positivo para uma *bateria* de lítio recarregável, incluindo: um precursor *composto* à base de níquel que inclui uma partícula secundária constituída por uma pluralidade de partículas primárias agregadas entre si, o precursor *composto* à base de níquel com uma porção central e uma porção superficial, e a porção central do precursor *composto* à base de níquel que inclui um fosfato.

Pedido de patente dos Estados Unidos	**20210036368**
Tipo Código	**A1**
JIANG; Yao ; et al.	**4 de fevereiro de 2021**

BATERIA DE IÕES DE LÍTIO E APARELHO

Resumo

Esta aplicação fornece uma *bateria de iões* de lítio e um aparelho. A *bateria de iões* de lítio inclui um conjunto de eléctrodos e um eletrólito. O conjunto do elétrodo inclui uma placa de elétrodo positivo, uma placa de elétrodo negativo e um separador. Um material ativo positivo da placa do elétrodo positivo inclui Li.sub.x1CO.sub.y1M.sub.1-y1O.sub.2-z1Q.sub.z1, em que 0,5.ltoreq.x1.ltoreq.1.2, 0,8.ltoreq.y1.ltoreq.1.0, 0.ltoreq.z1.ltoreq.0.1, M é selecionado a partir de um ou mais dos seguintes elementos: Al, Ti, Zr, Y e Mg, e Q é selecionado a partir de um ou mais dos seguintes elementos: F, Cl e S. O eletrólito contém um aditivo A, um aditivo B e um aditivo C. O aditivo A é um composto polinitrilo de seis membros azotado-heterocíclico com um potencial de oxidação relativamente baixo. O aditivo B é um composto anidrido. O aditivo C é um composto de carbonato cíclico substituído por halogéneo.

Buy your books fast and straightforward online - at one of world's fastest growing online book stores! Environmentally sound due to Print-on-Demand technologies.

Buy your books online at
www.morebooks.shop

Compre os seus livros mais rápido e diretamente na internet, em uma das livrarias on-line com o maior crescimento no mundo! Produção que protege o meio ambiente através das tecnologias de impressão sob demanda.

Compre os seus livros on-line em
www.morebooks.shop